Mathematik

P. Smith & B. Owen

Zeitzonen unserer Erde

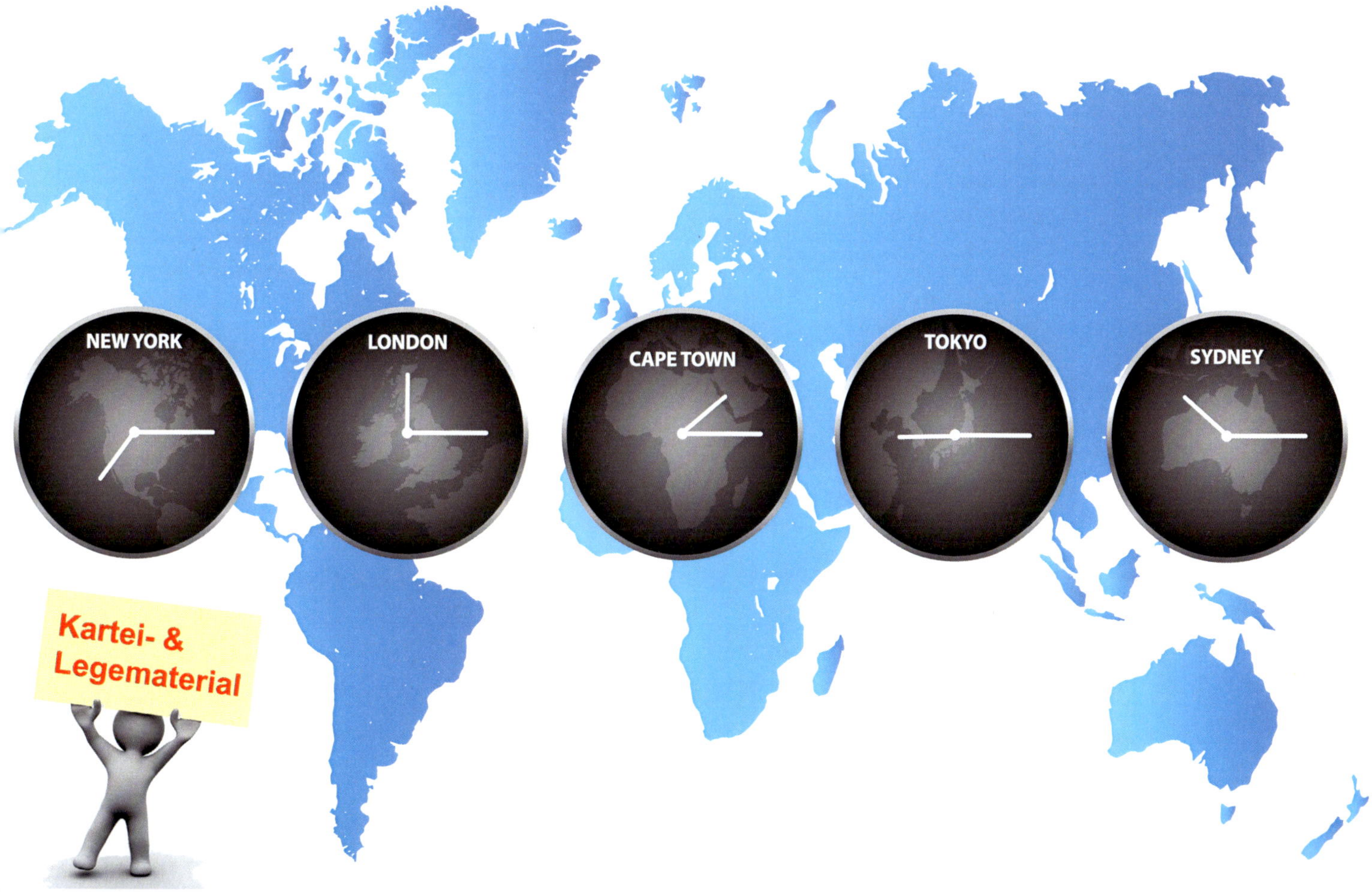

NEW YORK
LONDON
CAPE TOWN
TOKYO
SYDNEY

Kartei- & Legematerial

Mit DIN-A3-Poster

Montessori-Reihe

www.kohlverlag.de

Zeitzonen unserer Erde

1. Auflage 2020

Inhalt: P. Smith & B. Owen
Coverbilder: © radub85 - AdobeStock.com
Redaktion: Kohl-Verlag
Grafik & Satz: Kohl-Verlag
Druck: farbo prepress GmbH, Köln

Bestell-Nr. 15 047

ISBN: 978-3-96624-059-8

Bildquellen © AdobeStock.com

S. 3: brichuas; **S. 4:** Christopher Pahl, hibrida; **S. 5:** Christopher Pahl; **S. 6:** hibrida; **S. 7:** UnitedIllustrators, Ruediger Rau, Siberian Art; **S. 8:** timboosch (2x); **S. 9:** Anton Shahrai (5x), robu_s, vectortatu (2x); **S. 10:** ii-graphics (2x), vectortatu; **S. 11:** Lucky Soul (2x), inbevel; **S. 13:** Lucky Soul, matiasdelcarmine (3x), alexlmx; **S. 14:** yusuf; **S. 15:** mimacz; **S. 16:** Morphart; **S. 17:** michello 81, alexlmx, photofranz56, GraphicsRF (4x); **S. 18:** alexlmx; **S. 19:** Sweet Lana, FrankBoston, suppakij1017, doomu; **S. 20:** Digicat; **S. 21:** krissikunterbunt (2x); **S. 24:** willyam; **S. 25:** Rendix Alextiaan, tigger11th; **S. 27:** mimacz, brichuas, alexlmx; **S. 29:** lotus_studio, moonrun, somartin, Anton Shahrain; **S. 31:** brichuas; **S. 32:** olegganko;

Bildquellen © wiki (freie Bilder) und eigene Illus GaRo

S. 7: Equator wiki frei; **S. 8:** Countries_on_the_equator.svg wiki Poulpy; **S. 11:** Sonnenlauf - wiki und GaRo; **S. 12:** Sonne-Erde - wiki und GaRo; **S. 13:** Ecliptic_path wiki Tau'olunga, Seasons2.svg wiki Cronholm144 GaRo131 bearbeitet; **S. 15:** Prime-meridian wiki Takasunrise0921, Royal_Observatory_Greenwich wiki Tony Hisgett from Birmingham, UK; **S. 21:** Atomuhr wiki Benutzer Brunswyk, Берпин _-_ panoramio wiki Ɲавеŋ, DaylightSaving-World-Subdivisions wiki Paul Eggert; **S. 23:** Worl_oceans_map wiki Alexrk2, Earth_map_with_180th_meridian wiki Edgar Bonet, International_Date_Line wiki Jailbird; GaRo Datum 1,2,3 (3x); **S. 24:** GaRo Datumsgrenze; **. 25:** DateLine wiki GNU Free Documentation License, Orthographic_projection_over_Austral_Island wiki frei; **S. 26:** 530px_Flag_of_Kiribati.svg wiki frei; **S. 27:** Europa_time_zones wiki A321;
S. 29: US-Timezones_ost_2007 wiki frei, Map_of_russia_Time-Zones(2018) wiki Brateevsky, UTC_hue4map_CAN wiki Phoenix B 1of3, Australia-Timezones-Standard wiki Maryman;

Bildquellen © fotolia.com

S. 9: komuniki

Inhalt

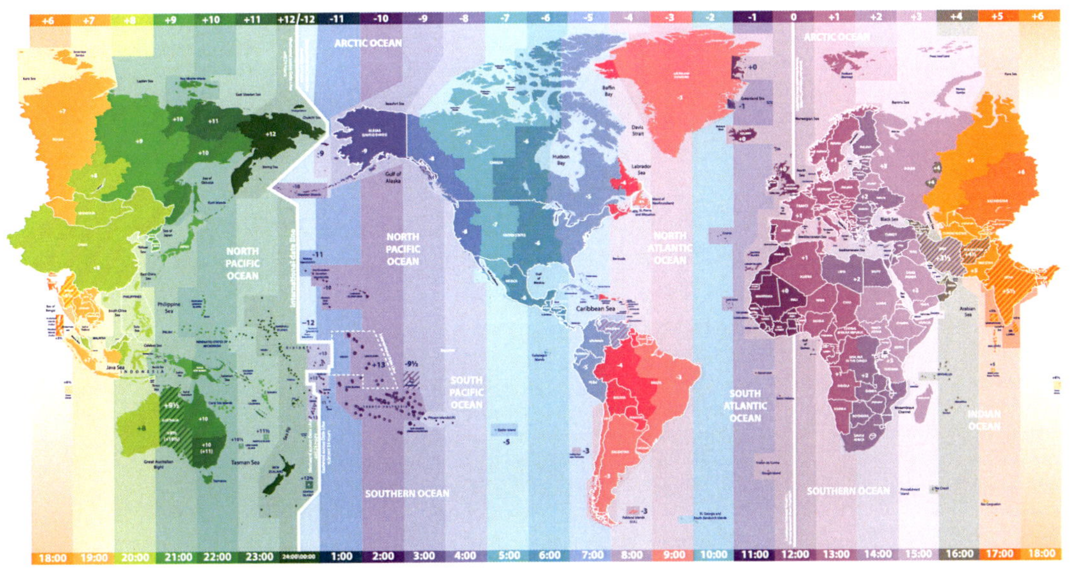

Zeitzonen unserer Erde – Bestell-Nr. 15 047

Vorwort und Anleitung

Hier findet sich Legematerial rund um die Zeitzonen, bei dem die Schülerinnen und Schüler durch Zuordnen von Legekärtchen Antworten auf unterschiedliche Fragen wie „Was sind Zeitzonen?“, „Warum gibt es Zeitzonen?“ oder „Wie sind unsere Zeitzonen eingeteilt?“ finden. Werden die Kärtchen passend an das Mittelstück angelegt, ergibt sich ein großer Stern mit sechs Strahlen.

Das Legematerial ist durch die Kombination von Text- und Bildelementen anschaulich gestaltet. Dem Heft liegt eine Weltkarte mit den Zeitzonen bei. Das Material eignet sich sowohl für die Freiarbeit als auch für die Arbeit im Klassenverband.

Die Seiten werden am besten laminiert und dann ausgeschnitten, so halten sie lange.

Viel Freude und Erfolg mit diesem Material wünschen Ihnen und den Schülern der Kohl-Verlag und

P. Smith & B. Owen

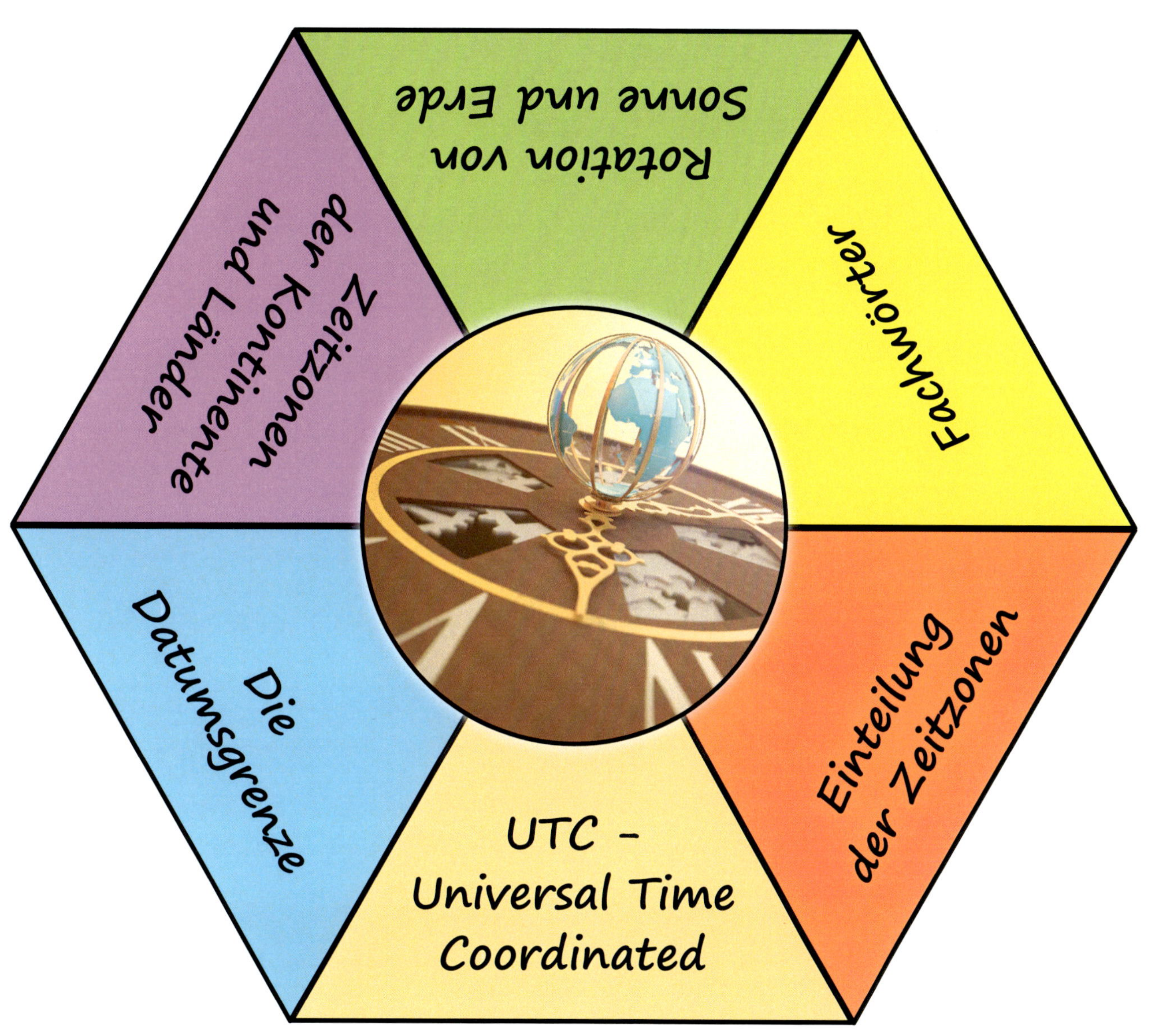
Rotation von Sonne und Erde
Fachwörter
Einteilung der Zeitzonen
UTC – Universal Time Coordinated
Die Datumsgrenze
Zeitzonen der Kontinente und Länder

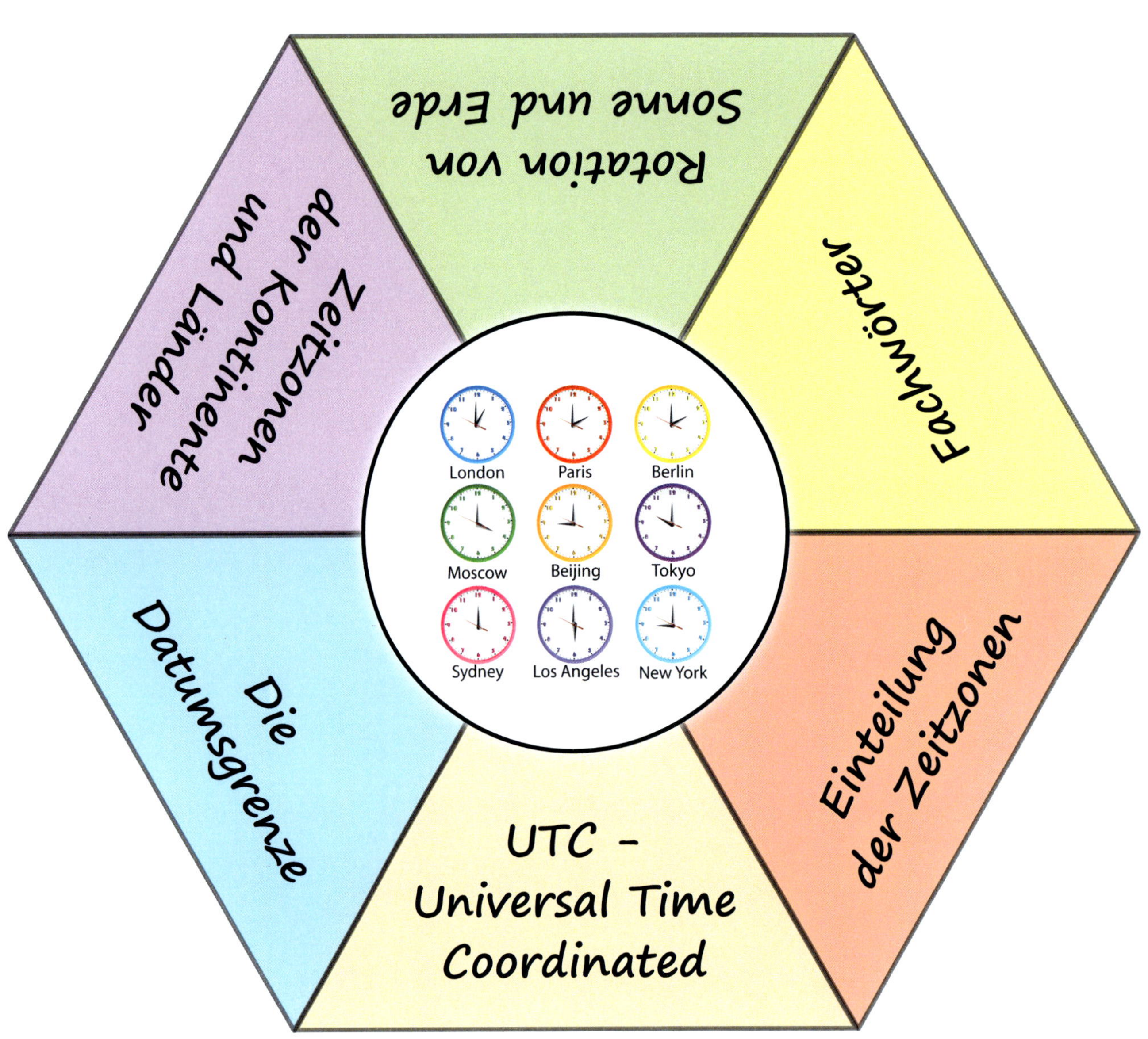
Rotation von Sonne und Erde
Fachwörter
Einteilung der Zeitzonen
UTC - Universal Time Coordinated
Die Datumsgrenze
Zeitzonen der Kontinente und Länder
London
Paris
Berlin
Moscow
Beijing
Tokyo
Sydney
Los Angeles
New York

Fachwörter

N
W
O
S

Sun
Mercury
Venus
Earth
Mars
Jupiter
Saturn
Uranus
Neptune

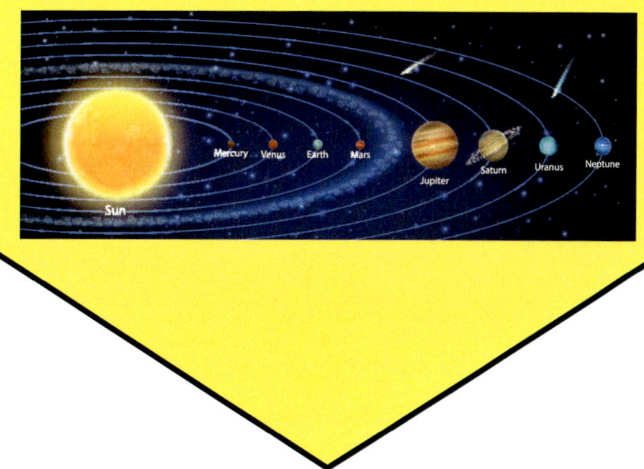

Fachwörter

Man findet sich auf der Erde mit Hilfe vorbestimmter Bezeichnungen zurecht. Dazu gehören die Himmelsrichtungen, der Äquator, Nord- und Südpol, die Längen- und Breitengrade sowie die beiden Erdhalbkugeln, die Hemisphären.

Der Äquator

Der Äquator ist der längste Breitenkreis. Zu den Polen hin werden die Breitenkreise immer kleiner. Der Äquator teilt die Erde in die Nord- und die Südhalbkugel.

Der Umfang des Äquatorkreises beträgt etwas über 40.000 Kilometer. Er verläuft vor allem im Meer, durchquert aber Südamerika, Afrika und die Inselwelt von Indonesien.

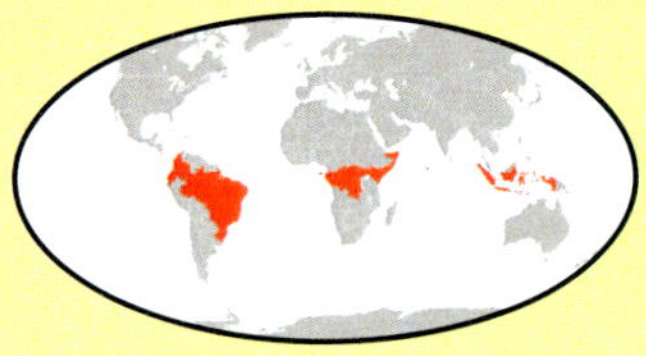

Die Himmelsrichtungen

Norden, Süden, Osten und Westen sind die vier Himmelsrichtungen. Schon unsere Vorfahren wussten, dass die Sonne immer im Osten aufgeht, mittags im Süden steht und abends im Westen untergeht. Abgekürzt schreiben wir „N" für Norden, „O" für Osten, „S" für Süden und „W" für Westen.

Auf fast allen Landkarten ist oben Norden, rechts Osten, unten Süden und links Westen.

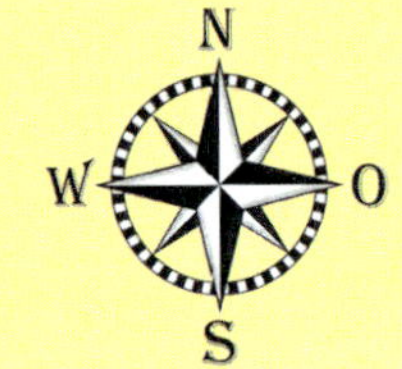

Als Orbit wird in der Astronomie die Umlaufbahn bezeichnet, auf der sich ein Objekt regelmäßig um ein anderes Objekt bewegt – z. B. die Planeten, dazu gehört auch die Erde, um die Sonne.

NORTH POLE
ARCTIC OCEAN
GREENLAND
NORTH AMERICA
EUROPE
ASIA
ATLANTIC OCEAN
AFRICA
SOUTH AMERICA
PACIFIC OCEAN
INDIAN OCEAN
AUSTRALIA
ANTARCTICA
SOUTH POLE

Latitudes
Earth Axis
Equator Line
Longitudes

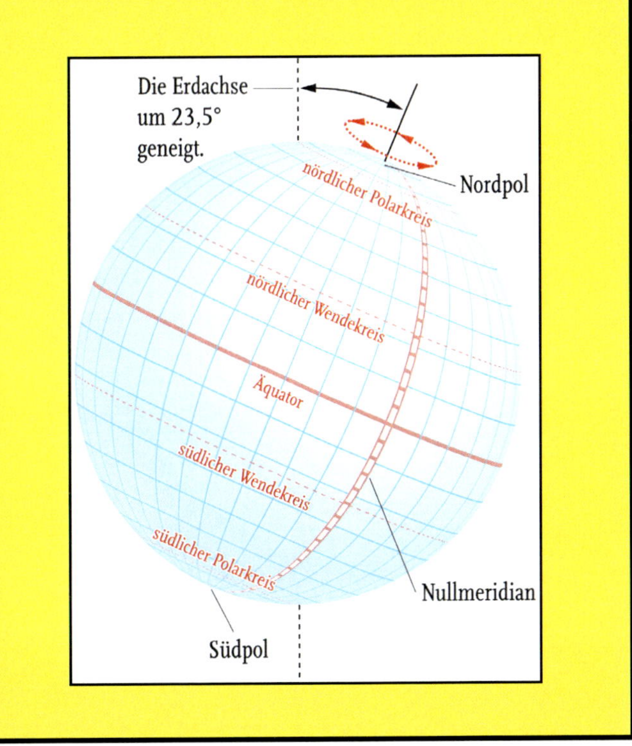
Die Erdachse um 23,5° geneigt.
Nordpol
nördlicher Polarkreis
nördlicher Wendekreis
Äquator
südlicher Wendekreis
südlicher Polarkreis
Nullmeridian
Südpol

Nord- und Südpol

Der Südpol ist der eine Endpunkt der Achse, um die sich die Erde dreht. Der Nordpol ist das andere Ende. Der geografische Nordpol (90° N) liegt unter dem Eis des Arktischen Ozeans, der geografische Südpol (90° S) auf dem Kontinent Antarktika.

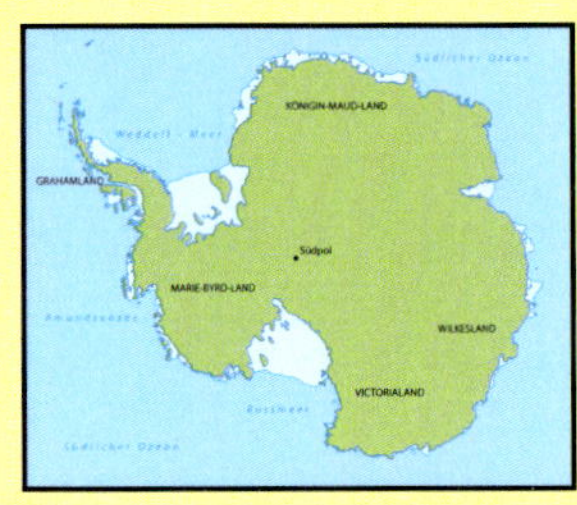

Die Hemisphären

Die Erde wird vom Äquator in eine Nord- und eine Südhälfte unterteilt. Es entstehen eine nördliche und eine südliche Halbkugel, auch nördliche bzw. südliche Hemisphäre genannt. Deutschland und Kanada z. B. liegen in der nördlichen Hemisphäre, Chile und Australien in der südlichen Hemisphäre. Es gibt auch die östliche und die westliche Hemisphäre, nach dem Längengrad bezüglich des Nullmeridians und des 180. Längengrads. Der einzige Staat der Erde, dessen Staatsgebiet in allen vier Erdhemisphären liegt, ist Kiribati, ein Inselstaat im Pazifik.

Die Erdachse

Die Erdachse ist eine gedachte Linie zwischen Nord- und Südpol. Um diese Achse dreht sich die Erde einmal am Tag. Allerdings schwebt unsere Erde ein wenig schief durch den Weltraum, weil die Erdachse um 23,5° geneigt ist.

Breitengrade und Längengrade

Parallel zum Äquator verlaufen je 90 Breitenkreise in Richtung der Pole. So wird vom Äquator aus zum Nordpol von 0° bis 90° N (nördl. Breite) und vom Äquator aus zum Südpol von 0° bis 90° S (südl. Breite) gezählt. Die Längenhalbkreise berühren sich alle am Nord- und Südpol. Es gibt insgesamt 360 Längenhalbkreise. Sie werden vom Nullmeridian (0°) aus gezählt. Der Nullmeridian verläuft durch die Sternwarte Greenwich (London). Von dort aus zählt man je 180° nach Osten (0° bis 180° östl. Länge) und nach Westen (0° bis 180° westl. Länge). Längenhalbkreise geben Auskunft über Datum und Zeit.

Rotation von Sonne und Erde

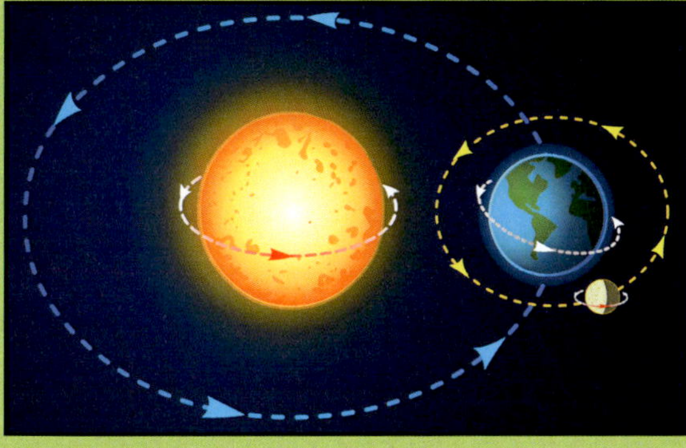

Rotation von Sonne und Erde

Die Erde dreht sich in 24 Stunden einmal um ihre Achse. In 365 und ¼ Tagen wandert sie einmal um die Sonne.

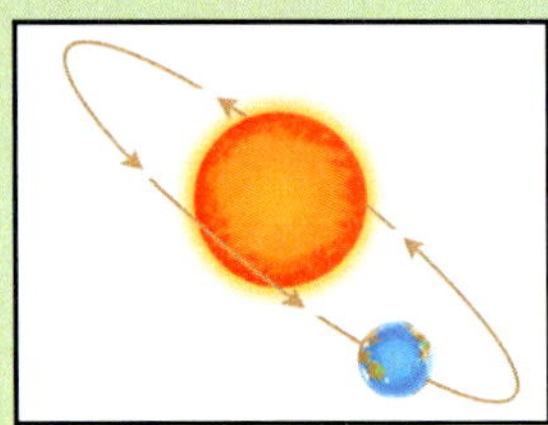

Tag und Nacht

Die Erdrotation entscheidet, ob Tag oder Nacht ist. Jeweils eine Hälfte der Erdkugel liegt im Schatten, während die andere Erdhälfte von der Sonne beleuchtet wird.

Die Sonne strahlt immer die ihr zugewandte Seite der Erde an, also ist dort Tag. Auf der anderen Seite der Erde ist dagegen Schatten = Nacht.

Nach einer halben Drehung (12 Stunden) ändern sich die Tageszeiten zu Nachtzeiten und die Nachtzeiten zu Tageszeiten.

Erdrotation

In 24 Stunden dreht sich unsere Erde um ihre eigene Achse. Diese Drehung nennt man Erdrotation.

Bei uns kann man beobachten, dass sich die Sonne von Osten nach Westen bewegt:

Im Osten geht die Sonne auf,
im Süden ist ihr Mittagslauf,
im Westen wird sie untergehn,
im Norden ist sie nie zu sehn.

Die Drehung (Wanderung) der Erde um die Sonne nennt man Erdrevolution.

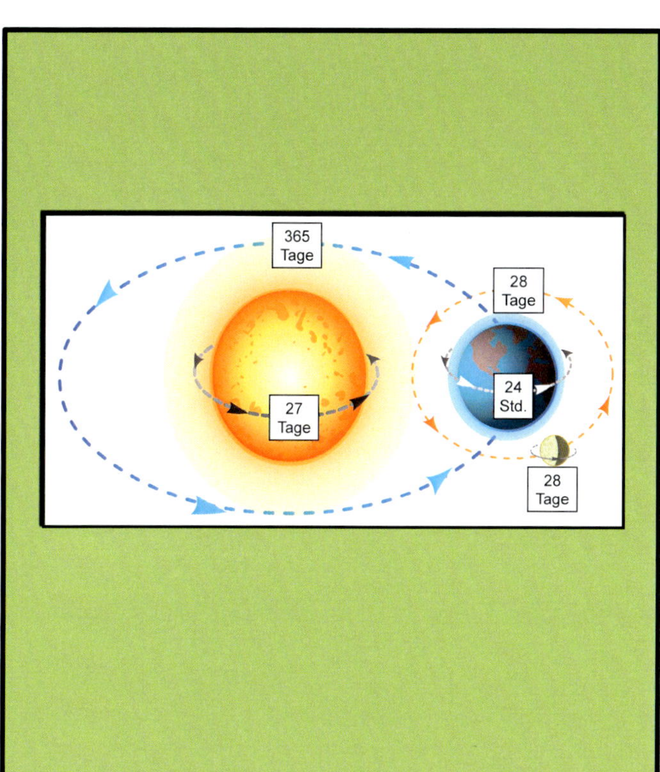

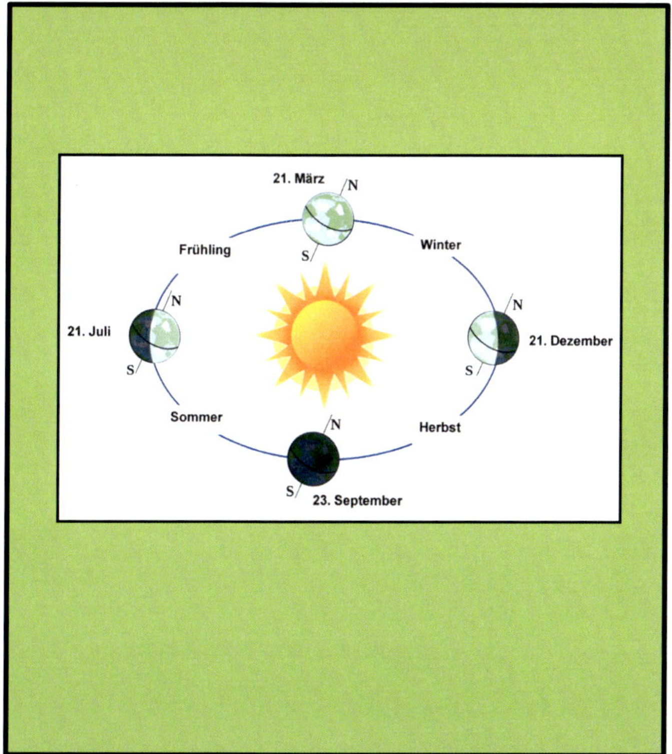

KOHL VERLAG
Zeitzonen unserer Erde — Bestell-Nr. 15 047

Sonnen- und Erd-Rotation

- Die Erde dreht sich um sich selbst; dadurch entsteht der Wechsel von Tag und Nacht.
- Die Erde dreht sich um die Sonne, dadurch entstehen die Jahreszeiten.

Der Weg um die Sonne

Die Erde dreht sich nicht nur um sich selbst, sondern auch um die Sonne. Mit einer Geschwindigkeit von etwa 30 km pro Sekunde und auf einer ellipsenförmigen Bahn wandert die Erde von West nach Ost um die Sonne. Für diese Bewegung braucht die Erde ganze 365 Tage (1 Jahr) und 6 Stunden. Deshalb wird alle 4 Jahre ein Tag mehr gezählt: der 29. Februar. Dieses Jahr nennt man Schaltjahr.

Die Entdecker

Über 1.000 Jahre nach den Griechen Ptolemäus und Aristoteles entdecken Sternenforscher, dass sich die Erde um die Sonne dreht und nicht umgekehrt. Die bekanntesten Astronomen waren der Pole Nikolaus Kopernikus (1473-1543) und der Italiener Galileo Galilei (1564-1642). Für sie war die Sonne der Mittelpunkt des Weltalls.

Der Deutsche Johannes Kepler (1571-1630) bewies, dass die Bahnen um die Sonne nicht kreisrund sind, sondern Ellipsen, also flache, eiförmige Kreise.

Die Jahreszeiten

Zusätzlich zur eigenen Rotation (Drehung) umrundet die Erde die Sonne. Das dauert ein ganzes Jahr. Da die Erdachse schräg zur Sonnenachse steht, ändert sich der Winkel, mit dem die Sonne auf unsere Erde scheint. So wird mal die obere Hälfte (Halbkugel) und mal die untere Hälfte der Erde intensiver und länger von der Sonne beschienen. Diese Veränderung des Winkels ist verantwortlich für unsere Jahreszeiten. Würde die Erdachse nicht schief stehen, würde der Winkel immer gleich bleiben; es gäbe keine Jahreszeiten.

Einteilung der Zeitzonen

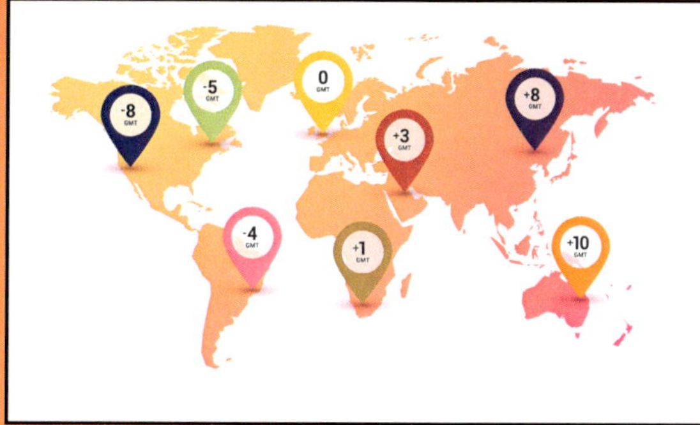

KOHL VERLAG Lernen mit Erfolg Zeitzonen unserer Erde – Bestell-Nr. 15 047

Einteilung der Zeitzonen

Die Zeitzonen richten sich nach den Längengraden (Meridianen). Das sind gedachte Linien, die vom Nordpol zum Südpol verlaufen.

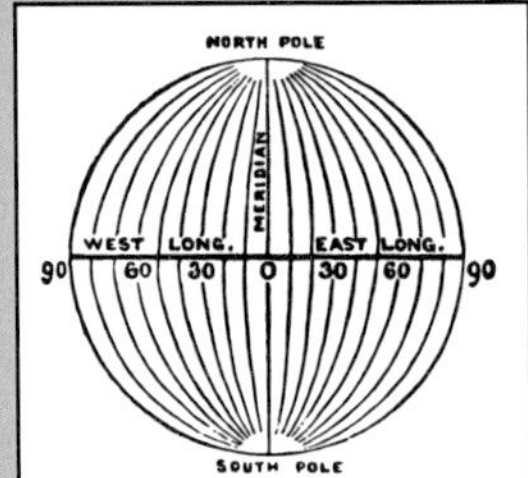

Meridian-Konferenz

Ein erster Vorschlag, Zeitzonen einzuführen, stammte von Sir Sandford Flemming (1827-1915). Dieser Vorschlag führte nach einigen internationalen Konferenzen auf der Internationalen Meridian-Konferenz im Oktober 1884 in Washington D.C. dazu, dass die Erde zunächst in 24 Zeitzonen aufgeteilt wurde. Auf dieser Konferenz einigte man sich auf den Greenwich-Meridian als Nullmeridian.

Der Null-Meridian

Die englische Stadt Greenwich befindet sich auf dem so genannten Null-Meridian. Der Null-Meridian, der auch Anfangsmeridian genannt wird, ist der Ausgangspunkt für die Zählung der Längengrade der Erde. Der Unterschied zwischen jeder Zone beträgt 60 Minuten. Die Zeit, die in der Sternwarte von Greenwich gemessen wurde, wurde GMT genannt. Das ist die Abkürzung für "Greenwich Mean Time" und bedeutet ins Deutsche übersetzt etwa "mittlere Greenwich-Zeit".

Das königliche Observatorium in Greenwich wurde 1675 von König Karl II. von England gegründet. Auf dem Dach der Sternwarte wurde im Jahre 1833 eine Zeitkugel installiert. Diese wird auch heute noch täglich hochgezogen und fällt um Punkt 12 Uhr GMT herunter. Damit konnten früher die Schiffe auf der Themse die exakte Greenwich Mean Time erfahren.

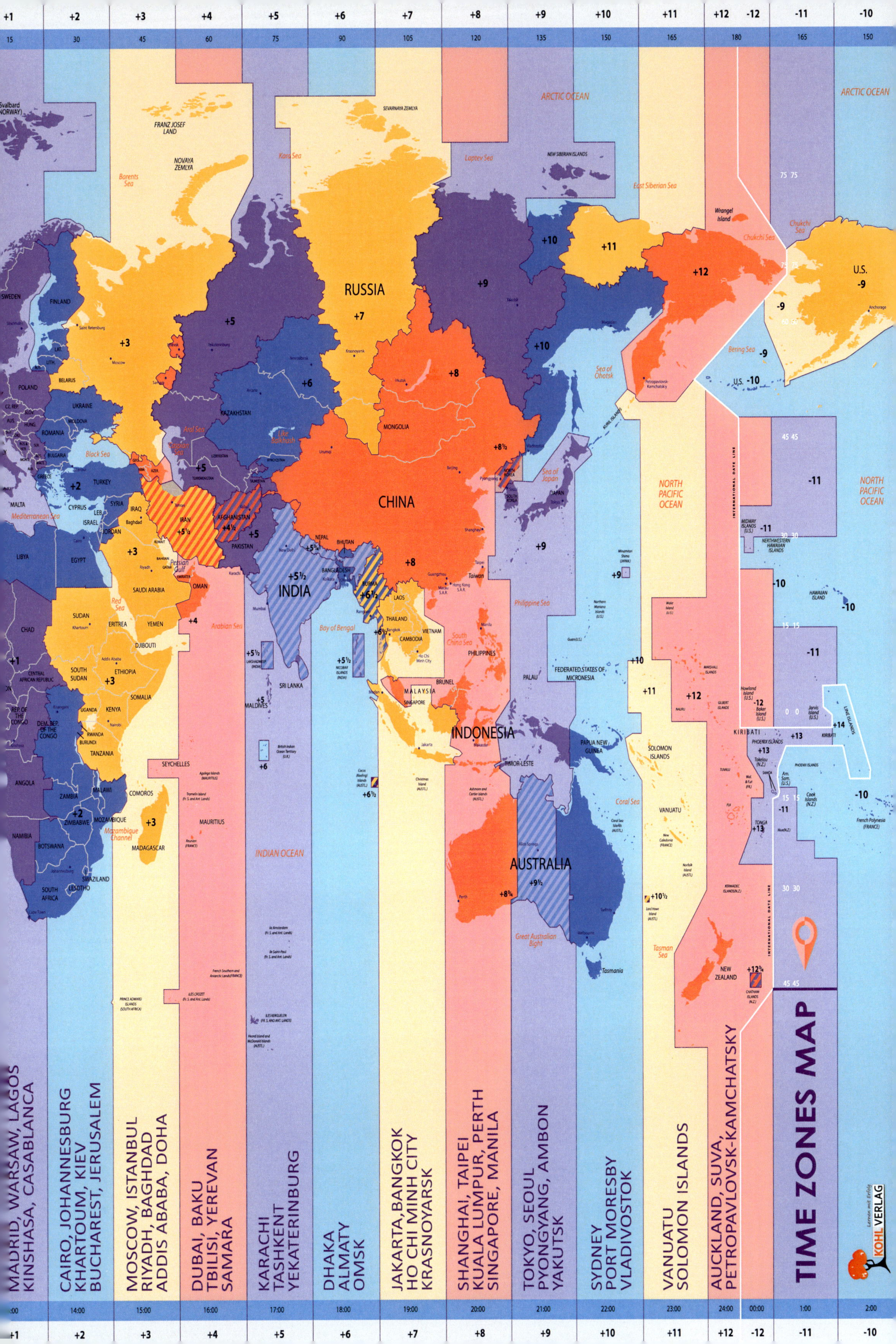

TIME ZONES MAP
KOHL VERLAG
+1 +2 +3 +4 +5 +6 +7 +8 +9 +10 +11 +12 -12 -11 -10
15 30 45 60 75 90 105 120 135 150 165 180 165 150
MADRID, WARSAW, LAGOS
KINSHASA, CASABLANCA
CAIRO, JOHANNESBURG
KHARTOUM, KIEV
BUCHAREST, JERUSALEM
MOSCOW, ISTANBUL
RIYADH, BAGHDAD
ADDIS ABABA, DOHA
DUBAI, BAKU
TBILISI, YEREVAN
SAMARA
KARACHI
TASHKENT
YEKATERINBURG
DHAKA
ALMATY
OMSK
JAKARTA, BANGKOK
HO CHI MINH CITY
KRASNOYARSK
SHANGHAI, TAIPEI
KUALA LUMPUR, PERTH
SINGAPORE, MANILA
TOKYO, SEOUL
PYONGYANG, AMBON
YAKUTSK
SYDNEY
PORT MORESBY
VLADIVOSTOK
VANUATU
SOLOMON ISLANDS
AUCKLAND, SUVA,
PETROPAVLOVSK-KAMCHATSKY
14:00 15:00 16:00 17:00 18:00 19:00 20:00 21:00 22:00 23:00 24:00 00:00 1:00 2:00
RUSSIA
CHINA
INDIA
INDONESIA
AUSTRALIA
MONGOLIA
KAZAKHSTAN
JAPAN
U.S.
ARCTIC OCEAN
NORTH PACIFIC OCEAN
INDIAN OCEAN
INTERNATIONAL DATE LINE
Barents Sea
Kara Sea
Laptev Sea
East Siberian Sea
Chukchi Sea
Bering Sea
Sea of Okhotsk
Sea of Japan
Philippine Sea
South China Sea
Bay of Bengal
Arabian Sea
Red Sea
Black Sea
Mediterranean Sea
Persian Gulf
Aral Sea
Caspian Sea
Coral Sea
Tasman Sea
Mozambique Channel
Great Australian Bight
FRANZ JOSEF LAND
NOVAYA ZEMLYA
SEVERNAYA ZEMLYA
NEW SIBERIAN ISLANDS
Wrangel Island
FINLAND
SWEDEN
POLAND
BELARUS
UKRAINE
MOLDOVA
ROMANIA
BULGARIA
GREECE
TURKEY
CYPRUS
SYRIA
LEB.
ISRAEL
JORDAN
IRAQ
IRAN
AFGHANISTAN
PAKISTAN
NEPAL
BHUTAN
BANGLADESH
BURMA
LAOS
THAILAND
VIETNAM
CAMBODIA
MALAYSIA
SINGAPORE
BRUNEI
PHILIPPINES
Taiwan
PALAU
FEDERATED STATES OF MICRONESIA
PAPUA NEW GUINEA
TIMOR-LESTE
SOLOMON ISLANDS
VANUATU
NEW ZEALAND
Tasmania
KIRIBATI
TONGA
SRI LANKA
MALDIVES
EGYPT
LIBYA
SUDAN
SOUTH SUDAN
CHAD
ERITREA
YEMEN
DJIBOUTI
ETHIOPIA
SOMALIA
KENYA
UGANDA
RWANDA
BURUNDI
TANZANIA
CENTRAL AFRICAN REPUBLIC
REP. OF THE CONGO
DEM. REP. OF THE CONGO
ANGOLA
ZAMBIA
MALAWI
ZIMBABWE
MOZAMBIQUE
NAMIBIA
BOTSWANA
SWAZILAND
LESOTHO
SOUTH AFRICA
MADAGASCAR
COMOROS
SEYCHELLES
MAURITIUS
SAUDI ARABIA
OMAN
MALTA
+5½
+4½
+5¾
+6½
+8½
+8¾
+9½
+10½
+12¾
+13
+14
-9

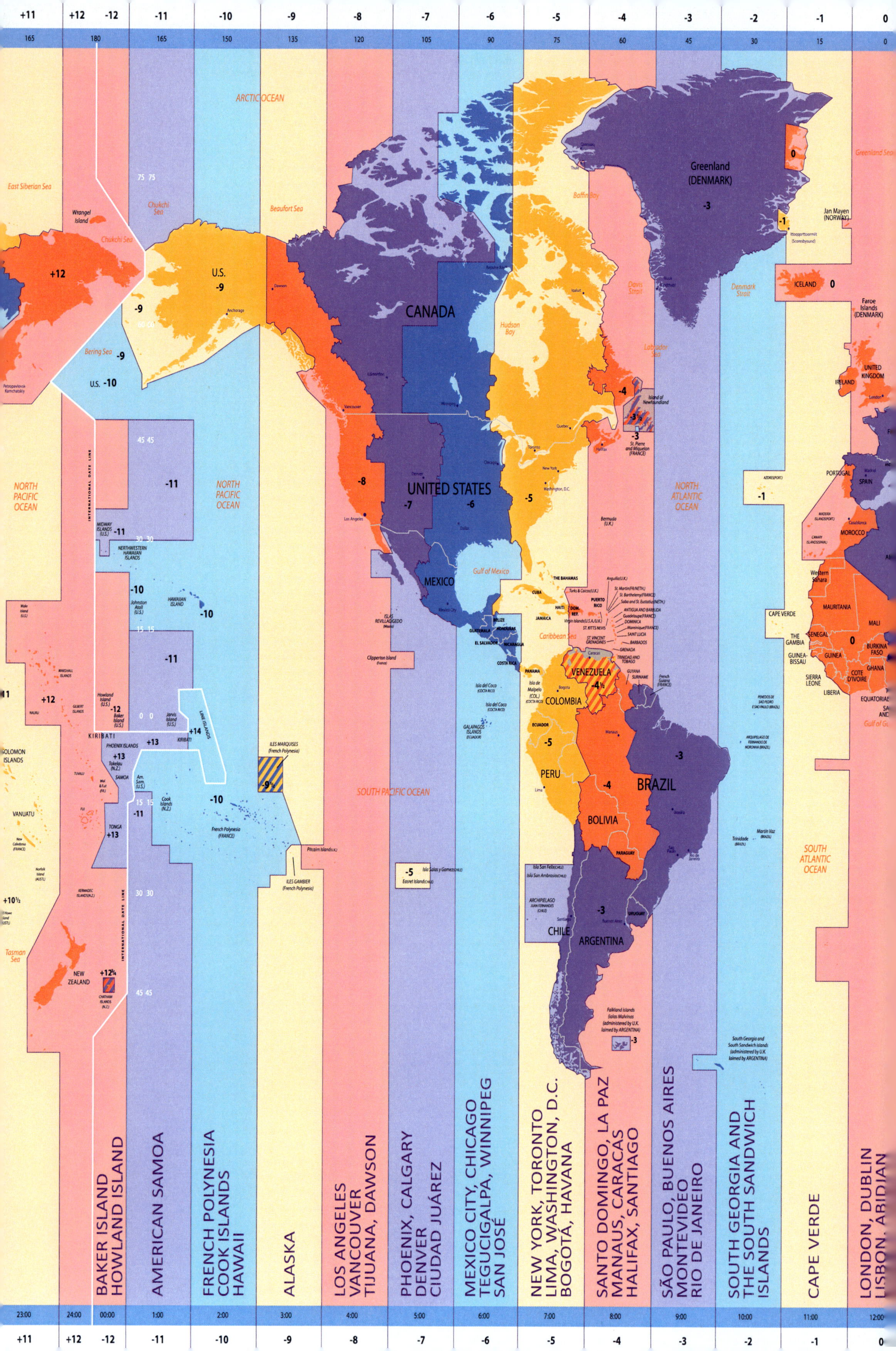

+11
+12
-12
-11
-10
-9
-8
-7
-6
-5
-4
-3
-2
-1
0
ARCTIC OCEAN
CANADA
Greenland (DENMARK)
UNITED STATES
MEXICO
U.S.
ICELAND
NORTH PACIFIC OCEAN
NORTH ATLANTIC OCEAN
SOUTH PACIFIC OCEAN
SOUTH ATLANTIC OCEAN
VENEZUELA
COLOMBIA
PERU
BRAZIL
BOLIVIA
CHILE
ARGENTINA
NEW ZEALAND
BAKER ISLAND HOWLAND ISLAND
AMERICAN SAMOA
FRENCH POLYNESIA COOK ISLANDS HAWAII
ALASKA
LOS ANGELES VANCOUVER TIJUANA, DAWSON
PHOENIX, CALGARY DENVER CIUDAD JUÁREZ
MEXICO CITY, CHICAGO TEGUCIGALPA, WINNIPEG SAN JOSÉ
NEW YORK, TORONTO LIMA, WASHINGTON, D.C. BOGOTÁ, HAVANA
SANTO DOMINGO, LA PAZ MANAUS, CARACAS HALIFAX, SANTIAGO
SÃO PAULO, BUENOS AIRES MONTEVIDEO RIO DE JANEIRO
SOUTH GEORGIA AND THE SOUTH SANDWICH ISLANDS
CAPE VERDE
LONDON, DUBLIN LISBON, ABIDJAN
23:00
24:00
00:00
1:00
2:00
3:00
4:00
5:00
6:00
7:00
8:00
9:00
10:00
11:00
12:00

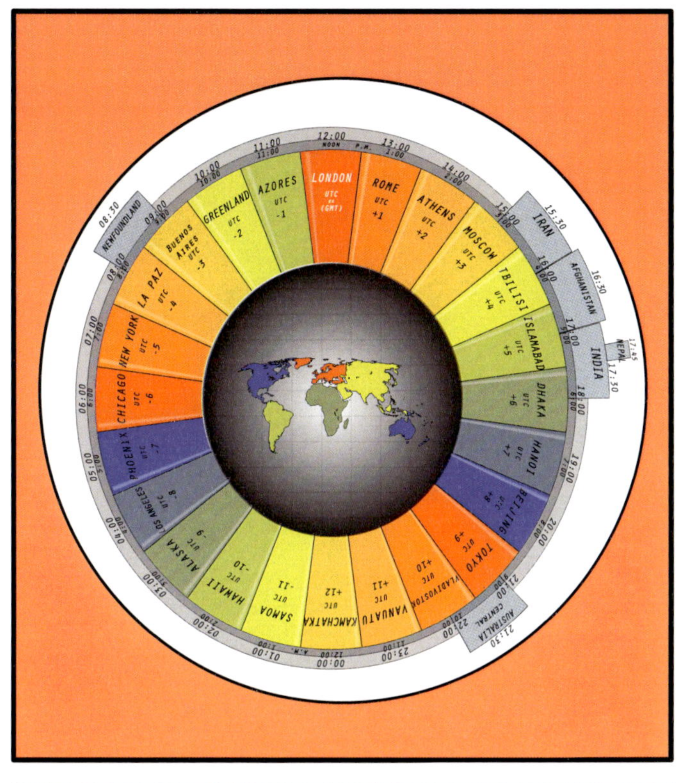
12:00
NOON
LONDON
UTC
(GMT)
ROME
UTC
+1
ATHENS
UTC
+2
MOSCOW
UTC
+3
TBILISI
UTC
+4
ISLAMABAD
UTC
+5
DHAKA
UTC
+6
HANOI
UTC
+7
BEIJING
UTC
+8
TOKYO
UTC
+9
VLADIVOSTOK
UTC
+10
VANUATU
UTC
+11
KAMCHATKA
UTC
+12
SAMOA
UTC
-11
HAWAII
UTC
-10
ALASKA
UTC
-9
PHOENIX
UTC
-7
CHICAGO
UTC
-6
NEW YORK
UTC
-5
LA PAZ
UTC
-4
BUENOS AIRES
UTC
-3
GREENLAND
UTC
-2
AZORES
UTC
-1
NEWFOUNDLAND
IRAN
AFGHANISTAN
INDIA
NEPAL
CENTRAL AUSTRALIA

HAUPTBAHNHOF

Abweichungen der Zeitzonen

Doch die meisten Staaten haben sich auf eine Zeit geeinigt, die von den Längengraden abweicht. Man wollte nicht, dass in Berlin eine andere Zeit als in Köln herrscht. Sonst wäre es in Köln eine Stunde früher. Nur in großen Ländern wie Russland, Kanada, USA usw. war das nicht möglich, so gibt es dort mehrere Zeitzonen.

Größe der Zeitzonen

So wie ein Kreis sich in 360° einteilen lässt, kann man auch den Globus in 360 Längengrade einteilen. Man teilt die Welt in 24 Zeitzonen ein, weil der Tag 24 Stunden hat. Wenn man diese 360° durch 24 Stunden teilt, entfallen auf jede Zeitzone 15°. Eine Zeitzone ist also normalerweise 15° „breit". Anders gesagt: Alle 15° fängt eine neue Zeitzone an.

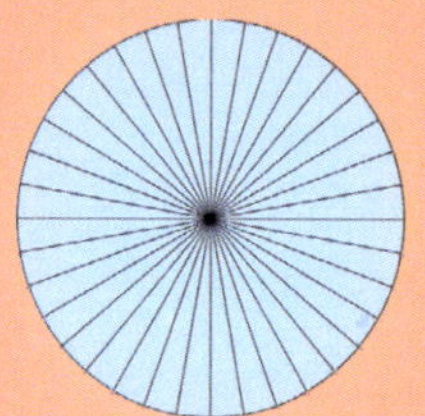

Ortszeit

Eine Ortszeit lässt sich ermitteln, wenn man den Lauf der Sonne verfolgt. Einmal am Tag erreicht sie genau im Süden ihren Höchststand. Dann haben wir genau die Mitte eines Tages erreicht, es ist Mittag. In einem Ort weiter westlich gelegen wird es erst einige Zeit später Mittag, da sich hier die Erde noch nicht so weit zur Sonne hingedreht hat. Innerhalb einer Zeitzone gilt in allen Orten die gleiche Uhrzeit, auch wenn das bedeutet, dass die Sonne mittags um 12 Uhr entweder noch nicht ihren Höchststand erreicht hat oder schon darüber hinaus ist.

Warum gibt es Zeitzonen?

Bis ins 19. Jahrhundert bestimmten die Menschen die Zeit nach dem Stand der Sonne. Deshalb nennt man diese Zeit auch Sonnenzeit.
Weil die Sonne aber in Berlin immer ein paar Minuten früher aufgeht als zum Beispiel in Köln oder Düsseldorf, galt damals an jedem Ort eine etwas andere Zeit. Das hat früher niemanden gestört. Erst mit der Erfindung von Eisenbahn und Telefon wurde es wichtig, die genaue Zeit in anderen Städten zu wissen.

Zeitzonen unserer Erde — Bestell-Nr. 15 047

Universal Time Coordinated – UTC

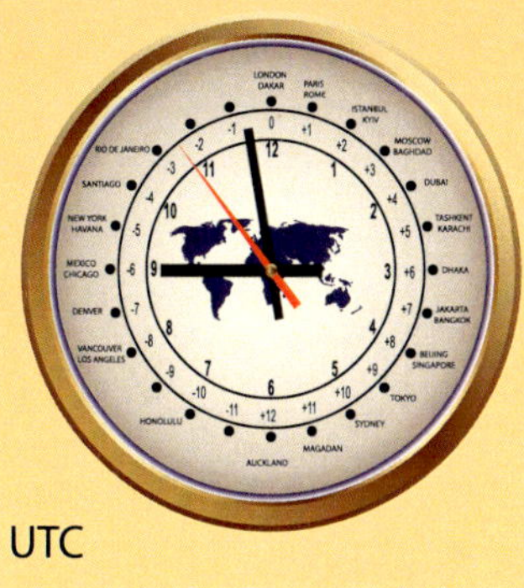

UTC

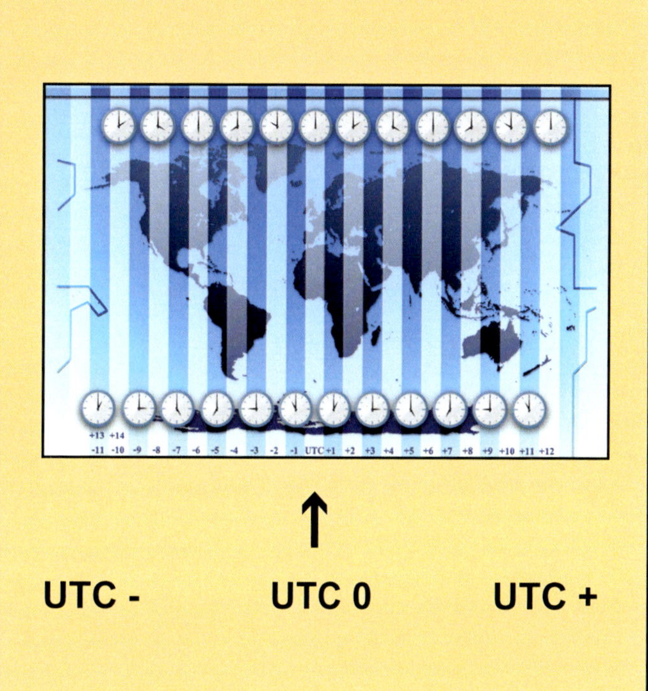

↑

UTC - UTC 0 UTC +

Universal Time Coordinated - UTC

Die koordinierte Weltzeit oder Universal Time Coordinated (UTC) wurde 1972 als Ersatz für die Greenwich Mean Time (GMT) eingeführt.

Weltzeit UTC

UTC wird als Weltzeit überall dort für Zeitangaben benutzt, wo eine weltweit einheitliche Zeit benötigt wird:

- in der Luftfahrt und Seefahrt
- in der Logistik, zum Erfassen von Fahrzeiten und Fahrplänen
- in internationalen Projekten, die sich über mehrere Zeitzonen erstrecken
- auf der Internationalen Raumstation (ISS)
- in der Antarktis

GMT und UTC

Die Greenwich Mean Time diente seit 1884 als Grundlage zur Berechnung der jeweiligen Tageszeit in allen Ländern der Erde. Sie war Weltzeit. 1972 wurde sie von der koordinierten Weltzeit (UTC) abgelöst. GMT wird heute nur noch in Großbritannien und Westafrika offiziell für die Zeitzone Westeuropäische Zeit (WEZ/WET, UTC±0) verwendet. Die Bezeichnung GMT wurde inzwischen durch "Universal Time Coordinated " (UTC) ersetzt, was so viel wie "koordinierte Weltzeit" bedeutet.

Es gibt einige Abkürzungen, die man kennen sollte:
GMT- Greenwich Mean Time
MEZ - Mitteleuropäische Zeit =
CET - Central European Time
CST - Central Standard Time (USA)
UTC - Universal Time Coordinated

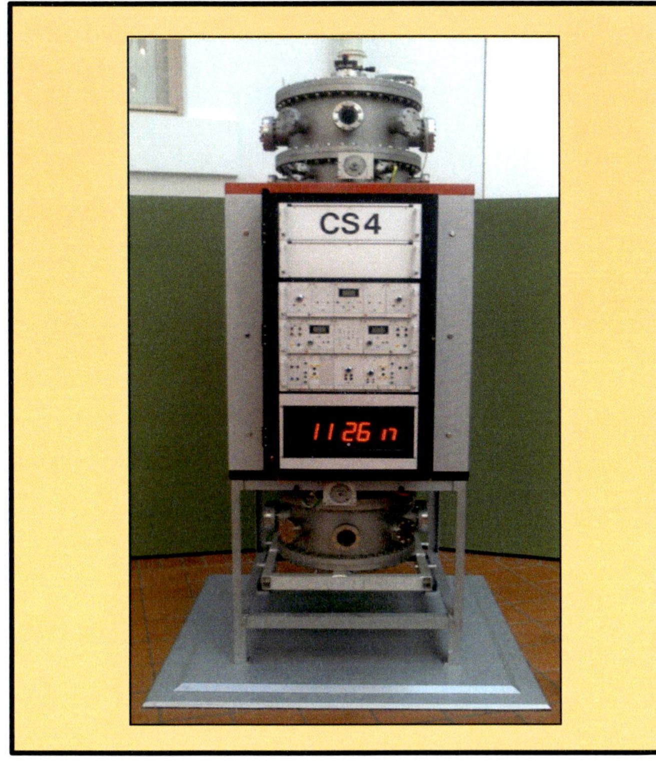
CS4

Sommerzeit benutzt
Sommerzeit nicht mehr benutzt
Sommerzeit nie benutzt

Sommerzeit
Winterzeit

Die Weltzeituhr Urania

Die Weltzeituhr auf dem Alexanderplatz in Berlin (auch: Urania-Weltzeituhr) ist eine Uhrenanlage mit einer symbolischen Weltdarstellung.
Sie enthält auf ihren Ringen die Namen von 146 Orten sowie einen Eintrag zur Datumsgrenze.
Seit ihrer Aufstellung 1969 ist die zehn Meter hohe Weltzeituhr ein beliebter Treffpunkt für Berliner und Touristen in der deutschen Hauptstadt.
Seit 2015 steht die Weltzeituhr unter Denkmalschutz.

Die Atomuhr

Eine Atomuhr ist die genaueste Uhr der Welt. In fünf Millionen Jahren geht sie höchstens eine Sekunde falsch.
Jede Uhr braucht einen Taktgeber - so auch die Atomuhr. Nur dass bei ihr nicht die Schwingung eines Pendels oder eines Quarzes den Takt vorgibt. Bei der Atomuhr ist es die Schwingfrequenz eines Caesiumatoms. Und das "schwingt" über neun Milliarden Mal in der Sekunde. Dadurch zeigt die Atomuhr die Zeit so genau an. Eine Quarzuhr bringt es "nur" auf rund 32.000 Schwingungen in der Sekunde.

Sommerzeit – Winterzeit

In Deutschland wurde die jetzt gültige Zeitumstellung von der Normalzeit – oder wie von vielen bezeichnet: "Winterzeit" – auf die Sommerzeit im Jahr 1980 eingeführt. Als ein wichtiger Grund galt, dass mit dieser Regelung durch mehr Tageslicht Energie gespart würde. Die mitteleuropäische Sommerzeit beginnt am letzten Sonntag im März um 2:00 Uhr MEZ, indem die Uhr um eine Stunde von 2:00 Uhr auf 3:00 Uhr vorgestellt wird. Sie endet jeweils am letzten Sonntag im Oktober um 3:00 Uhr MESZ, indem die Uhr um eine Stunde von 3:00 Uhr auf 2:00 Uhr zurückgestellt wird.

Zeitumstellungen

Weniger als 40% aller Länder haben aktuell (2020) Zeitumstellungen. Da die Tageslänge in Äquatornähe weniger variiert, stellen die meisten Länder in tropischen Gebieten ihre Uhren nicht um.

Die meisten Länder mit Zeitumstellungen befinden sich in Europa. In Mitteleuropa spricht man von der Mitteleuropäischen Sommerzeit (MESZ = UTC+2).

Die Datumsgrenze

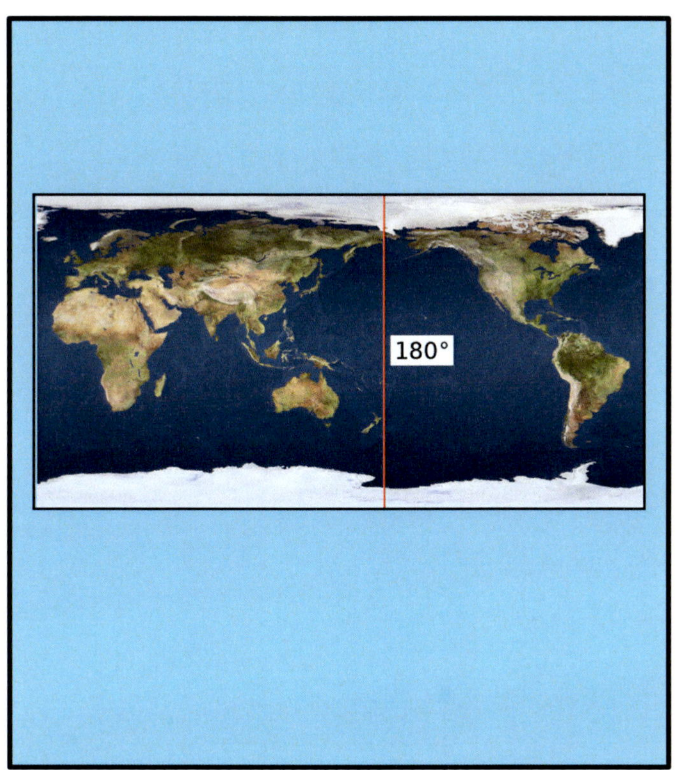

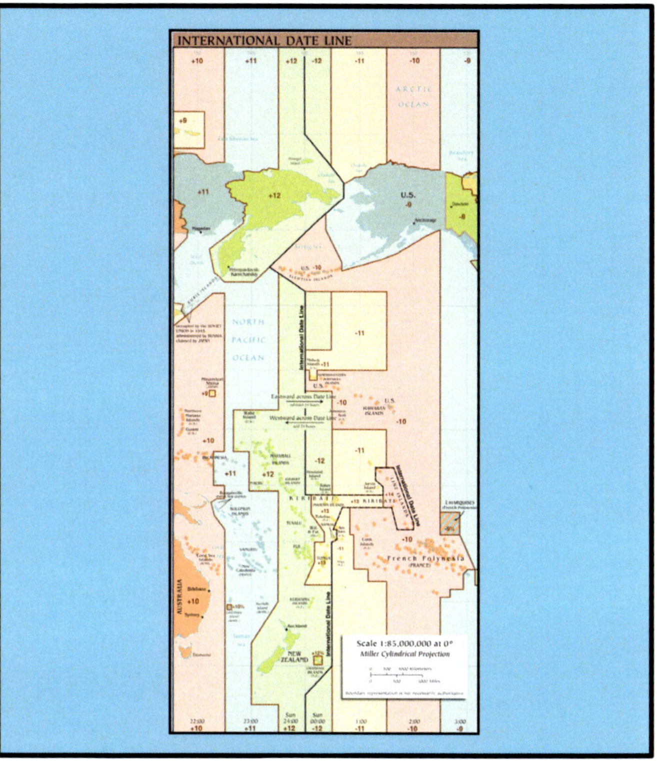

Die Datumsgrenze

Die Datumsgrenze ist eine gedachte Linie, die in der Nähe des 180. Längengrads durch den Pazifischen Ozean verläuft.

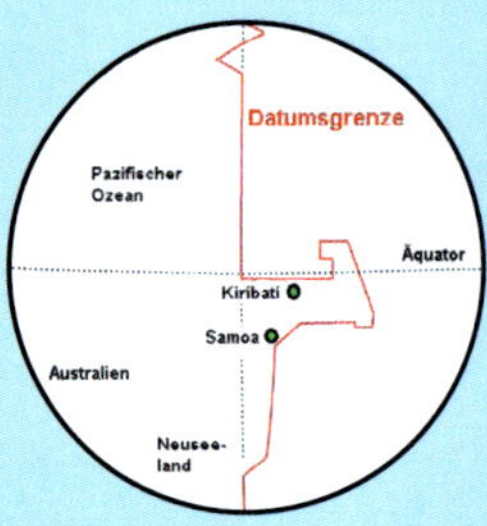

Warum verläuft die Datumsgrenze nicht gerade?

Damit sie Länder und Territorien nicht in zwei Datumshälften teilt, hat die Datumsgrenze einige Ausbuchtungen. Bis vor einigen Jahren war dies im Pazifikstaat Kiribati so: Das Datum im östlichen Teil unterschied sich um einen Tag von den westlichsten Inseln. Um das Land auch zeitlich zu einen, wurde die Datumsgrenze 1995 nach Osten verschoben. Die große Ausbeulung der Linie in Äquatorhöhe ist das Resultat.

Der 180. Längengrad

Der 180. (zugleich westl. und östl.) Längengrad verläuft überwiegend durch Gewässer, weshalb er sich auch als Datumsgrenze anbietet. Dort, wo dieser Längengrad ein Land quert oder eine politisch zusammengehörende Inselgruppe teilt, wurde die Datumsgrenze im Verlaufe der Zeit angepasst. Heute verläuft sie nirgends über Land.

Westlich der Datumsgrenze (z.B. in Australien) ist es einen Tag später als auf der Ostseite (z.B. in Südamerika) – östlich der Datumsgrenze ist es einen Tag früher.

Zeitzonen unserer Erde – Bestell-Nr. 15 047

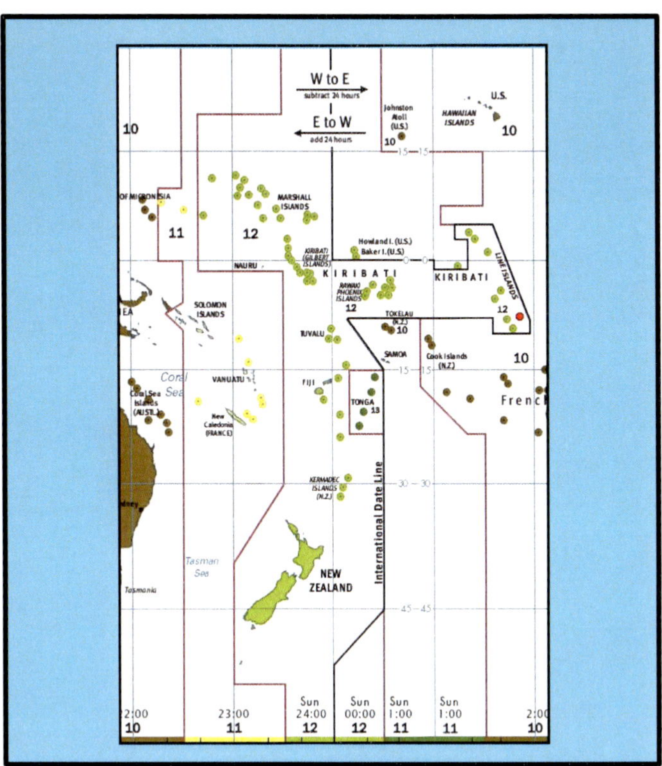

W to E
subtract 24 hours
E to W
add 24 hours
Johnston Atoll (U.S.)
HAWAIIAN ISLANDS
U.S.
MARSHALL ISLANDS
Howland I. (U.S.)
Baker I. (U.S.)
KIRIBATI (GILBERT ISLANDS)
NAURU
KIRIBATI
KIRIBATI
LINE ISLANDS
PHOENIX ISLANDS
SOLOMON ISLANDS
TOKELAU (N.Z.)
TUVALU
SAMOA
Cook Islands (N.Z.)
Coral Sea
VANUATU
FIJI
Coral Sea Islands (AUSTL.)
New Caledonia (FRANCE)
TONGA
KERMADEC ISLANDS (N.Z.)
International Date Line
Tasman Sea
NEW ZEALAND
Tasmania
Sun 24:00
Sun 00:00
Sun 1:00
Sun 1:00
23:00

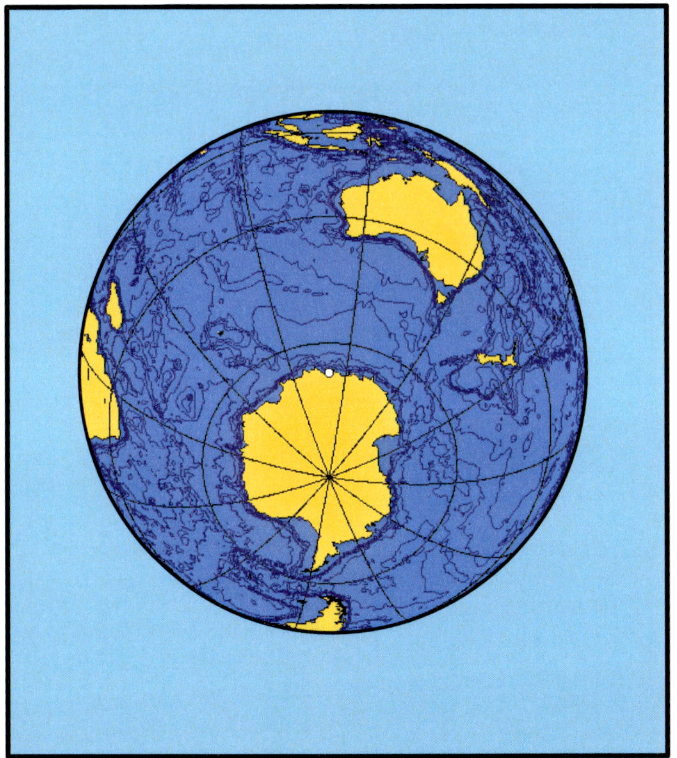

Kiribati

Lange Zeit war der Inselstaat Kiribati durch die Datumsgrenze geteilt. Es gab hier also am selben Tag zwei verschiedene Kalenderdaten. Daher wurde die Datumsgrenze am 1. Januar 1995 so geändert, dass Kiribati nun komplett westlich davon liegt. Die Anpassung führte dazu, dass die östlichste Insel Kiribatis offiziell der erste Teil der Welt war, der das Jahr 2000 begrüßen konnte.

Warum der 180. Längengrad?

Grundsätzlich könnte jeder Längengrad Datumsgrenze sein. Die international vereinbarte heutige Lage im Pazifischen Ozean wurde gewählt, weil dieses Gebiet dünn besiedelt war. Die meisten Menschen leben weit weg von dieser Grenze. Dass bei ihren Nachbarn in einer anderen Zeitzone Mitternacht und Datumswechsel etwas früher oder später sind, stört sie kaum. Die wenigen im Pazifik lebenden Menschen wissen, dass nahe, jedoch auf der anderen Seite der Grenze wohnende Nachbarn ein anderes Datum haben.

Zeitreise

Wer von Europa nach Asien fliegt, muss mit jeder Zeitzone die Uhr eine Stunde vorstellen. Trotzdem reist der Fluggast nicht in die Zukunft. Ebenso ist ein Urlauber, der in die USA fliegt und seine Uhr entsprechend zurückstellt, nicht in die Vergangenheit unterwegs. Grundsätzlich gilt: Wer die Datumsgrenze in östlicher Richtung überquert, muss das Datum einen Tag zurückstellen. Ein Tag wird somit zweimal gezählt. Denn dieser Reisende hat auf seinem Flug von Westen nach Osten mit jeder Zeitzone die Uhr vorgestellt – dieses Plus von Stunden muss er sozusagen wieder „abbauen“.

Sonderfall Antarktis

Da die Antarktis auf allen Längengraden der Erde liegt, fließen hier theoretisch alle Zeitzonen zusammen.
So benutzen die einzelnen Forschungsstationen oft die Zeitzone ihres Heimatlandes oder die Zeitzone des Flughafens, mit dem sie zusammenarbeiten und verbunden sind.
Entsprechend dieser willkürlichen Zuordnung der Zeitzonen lässt sich keine einfache Datumsgrenze festlegen.

Zeitzonen der Kontinente und Länder

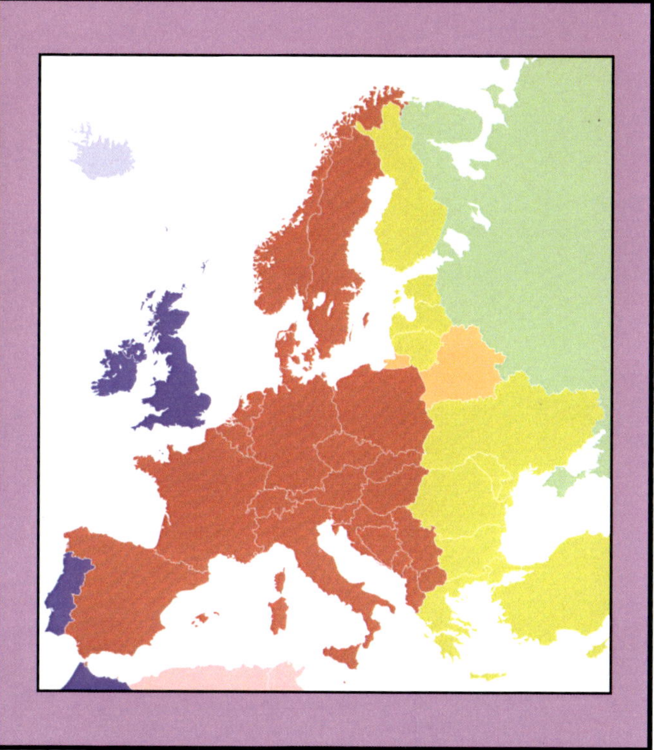

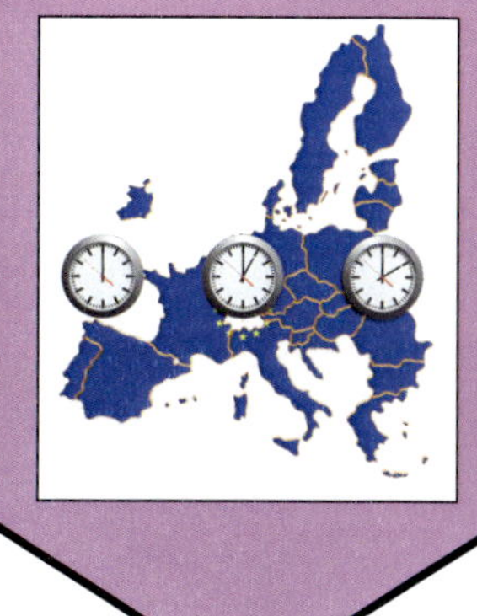

Zeitzonen der Kontinente und Länder

Die gesetzlichen Uhrzeiten (Standardzeiten oder Normalzeiten) der tatsächlichen Zeitzonen sind häufig nicht günstig. Viele Staaten oder große Länder erstrecken sich über weit mehr als 15°, die eine Zeitzone ausmachen würden. So gibt es etliche Ausnahmen.

Europa

Europa erstreckt sich momentan über vier Zeitzonen. Die meisten Länder stellen im Sommer die Uhren auf Sommerzeit, andere befolgen ganzjährig Normalzeit (= Winterzeit). Die Europäische Kommission hat vorgeschlagen, die Einhaltung der Sommerzeit in der EU nach dem Herbst 2019 zu beenden. Die Entscheidung liegt jedoch bei den EU-Mitgliedstaaten. Viele Mitgliedstaaten betrachteten das als nicht möglich. Die Umsetzung wird voraussichtlich auf 2021 verlegt.

Zeitzonen der Erde

Die Vereinigten Staaten, Kanada, Russland, Brasilien, Mexiko, Indonesien, die Mongolei, die Europäische Union und Australien haben wegen der großen Ost-West-Ausdehnung mehrere Zonenzeiten. Die Volksrepublik China hat dagegen seit 1949 nur noch eine einzige amtliche Zeit, nämlich die UTC+8, wobei es eigentlich 5 Zeitzonen geben müsste. (UTC+5 bis UTC+9).

In Mitteleuropa gilt die Mitteleuropäische Zeit (MEZ), die als Zeitzone sehr viel breiter als nur die typischen 15° ist. Für die Central European Time (= MEZ) gilt die Zeitzone UTC+1. In unserer Sommerzeit erreichen wir also UTC+2.

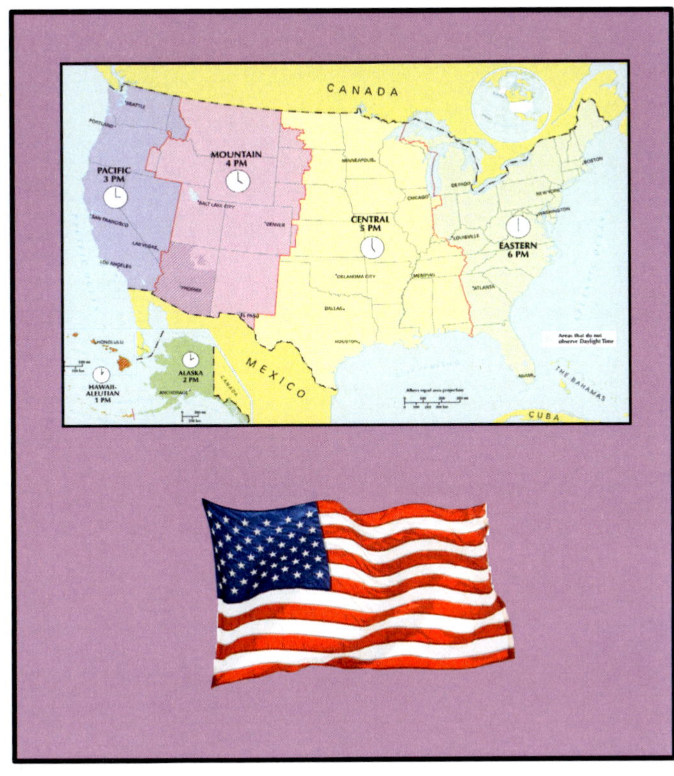
CANADA
PACIFIC
3 PM
MOUNTAIN
4 PM
CENTRAL
5 PM
EASTERN
6 PM
ALASKA
2 PM
HAWAII-
ALEUTIAN
1 PM
MEXICO
THE BAHAMAS
CUBA

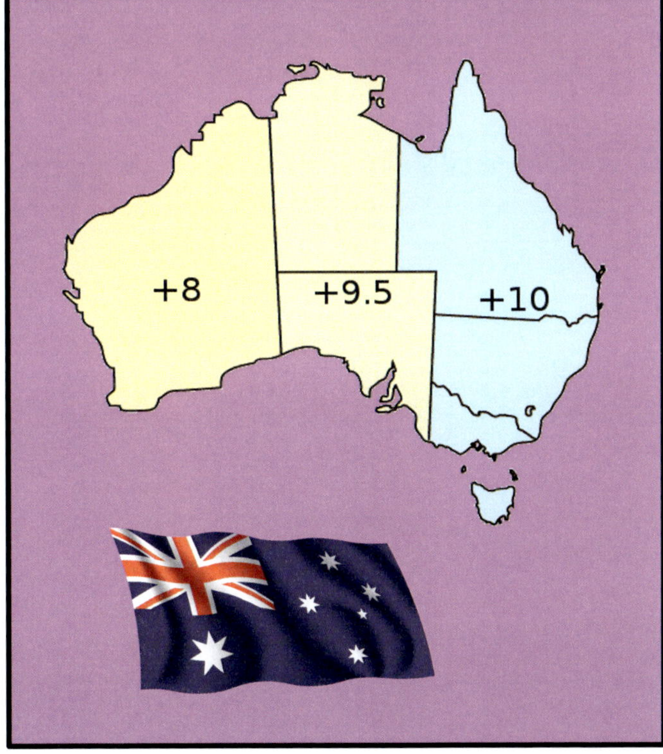
+8
+9.5
+10

Russland

Russland erstreckt sich von etwa 20° O (östliche Länge) in östlicher Richtung über den 180. Längengrad bis 170° W (westliche Länge). Das ergibt eine Breite von etwa 9.000 Kilometern. In Russland werden heute 11 Zeitzonen als amtliche Zeiten angewendet: UTC+2 bis UTC+12. Eine Umstellung auf Sommerzeit erfolgt nicht mehr.

Die Vereinigten Staaten von Amerika

Die Vereinigten Staaten von Amerika haben 11 Zeitzonen (davon sind nur 9 gesetzlich festgelegt). Auf dem zusammenhängenden Festlandgebiet der Vereinigten Staaten gibt es nur 4 Zeitzonen: UTC−5 bis UTC−8. Die Zeit in einer Zeitzone wird als „Standard Time“ bezeichnet. In Bundesstaaten, die auf Sommerzeit umstellen, wird diese als „Daylight Saving Time“ bezeichnet.

Australien

Zeitzonen gibt es in Australien seit den 1890er Jahren, als die damaligen Kolonien eine jeweilige Standardzeit angaben. Vorher konnten die einzelnen Orte ihre jeweilige Lokalzeit als „Local Mean Time“ selbst bestimmen. Der kontinentale Teil des Landes hat drei Zeitzonen:

- eine westliche (UTC+8),
- eine zentrale (UTC+9,5)
- eine östliche (UTC+10).

Daneben haben die Außeninseln größtenteils eigene Zeitzonen.

Kanada

Kanada wird in 6 Zeitzonen eingeteilt und damit nur von Russland, den Vereinigten Staaten und auch (wenn man deren Überseegebiete bzw. Außeninseln dazurechnet) von Australien und dem Vereinigten Königreich übertroffen. Die Zeitzonen reichen von UTC–8 bis UTC–3,5. Der größte Teil des Landes verwendet eine Sommerzeit, es gibt allerdings Ausnahmen.

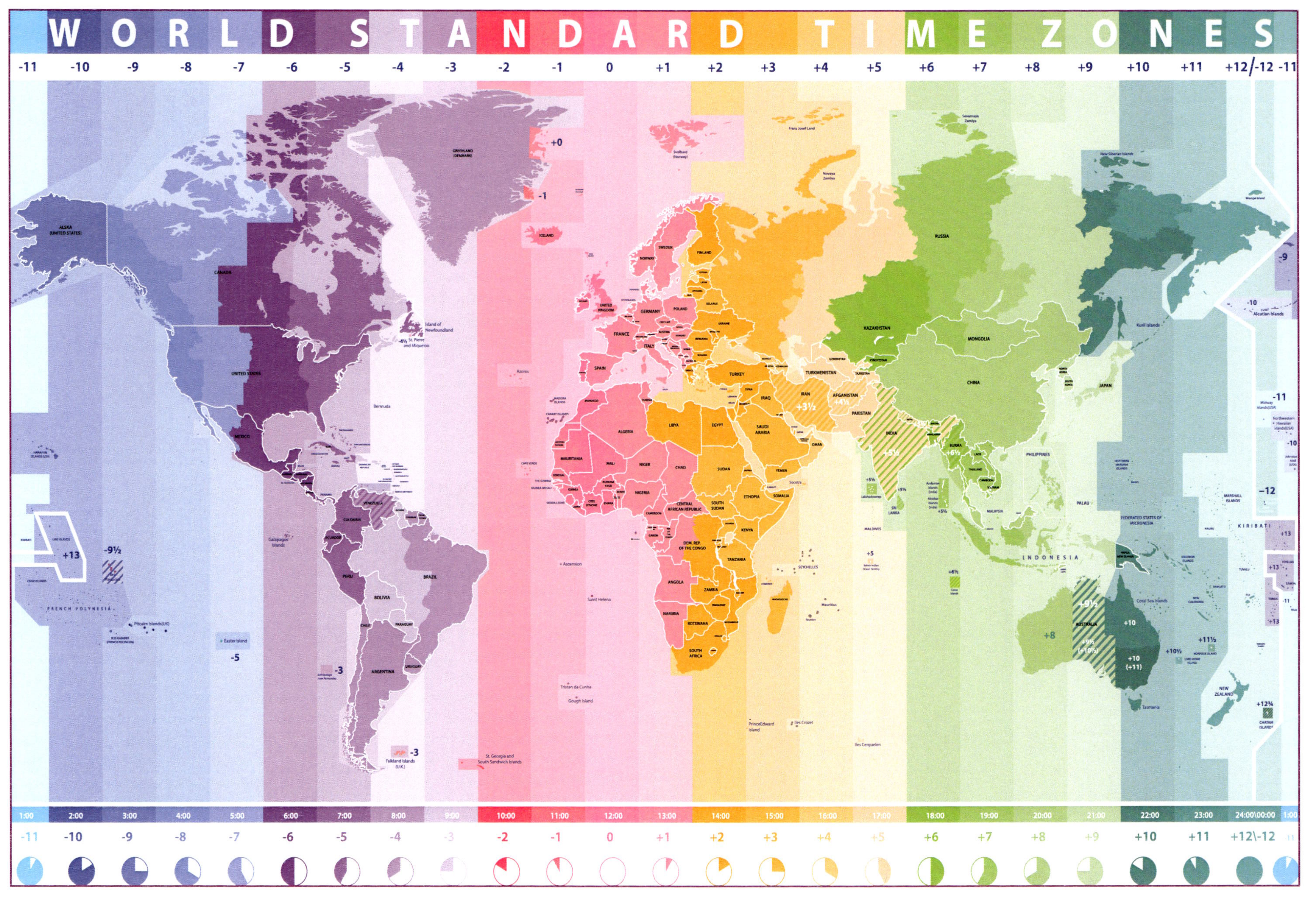
WORLD STANDARD TIME ZONES
-11 -10 -9 -8 -7 -6 -5 -4 -3 -2 -1 0 +1 +2 +3 +4 +5 +6 +7 +8 +9 +10 +11 +12/-12 -11
1:00 2:00 3:00 4:00 5:00 6:00 7:00 8:00 9:00 10:00 11:00 12:00 13:00 14:00 15:00 16:00 17:00 18:00 19:00 20:00 21:00 22:00 23:00 24:00\00:00 1:00
-11 -10 -9 -8 -7 -6 -5 -4 -3 -2 -1 0 +1 +2 +3 +4 +5 +6 +7 +8 +9 +10 +11 +12\-12 -11

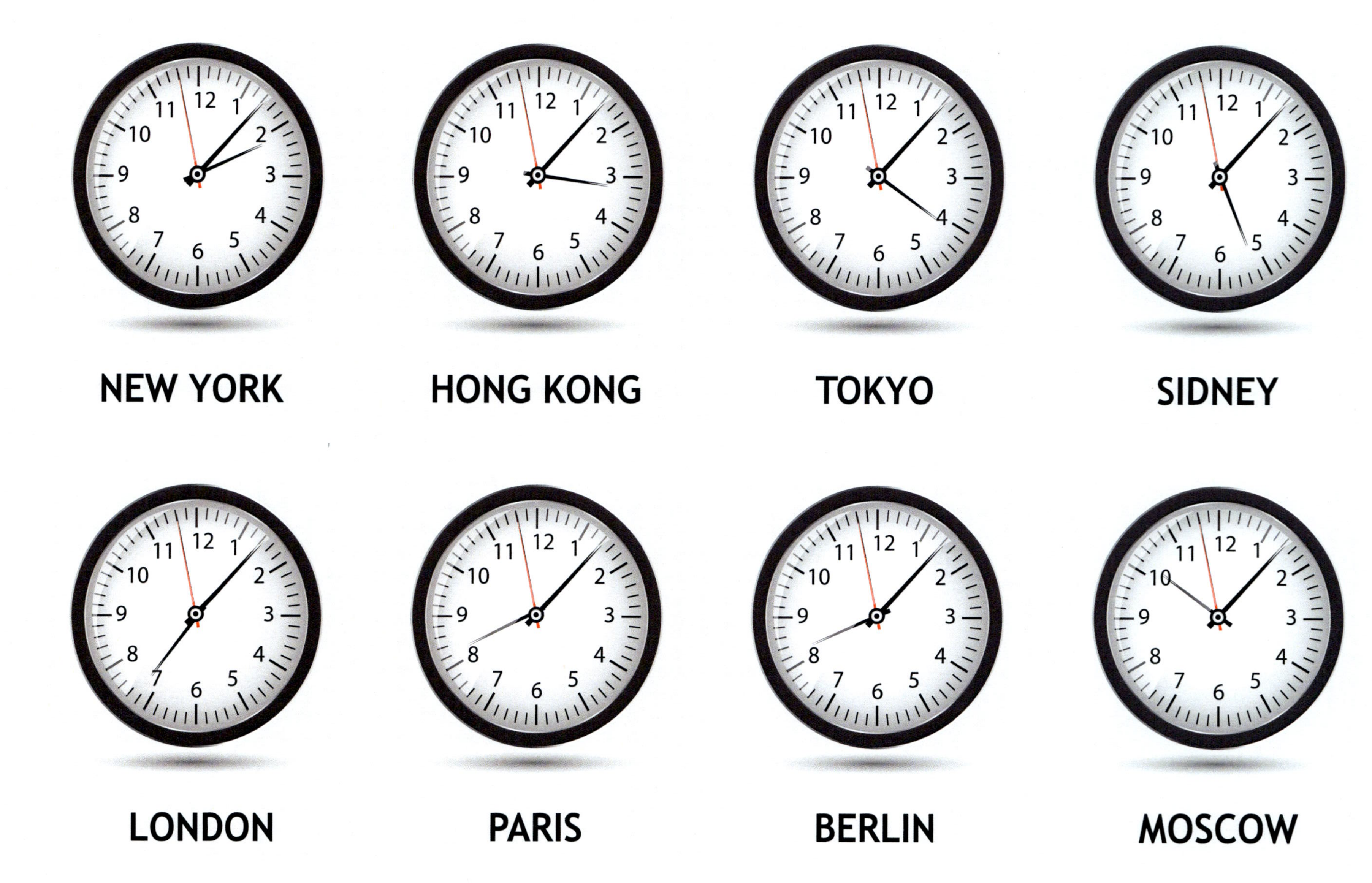
NEW YORK
HONG KONG
TOKYO
SIDNEY
LONDON
PARIS
BERLIN
MOSCOW